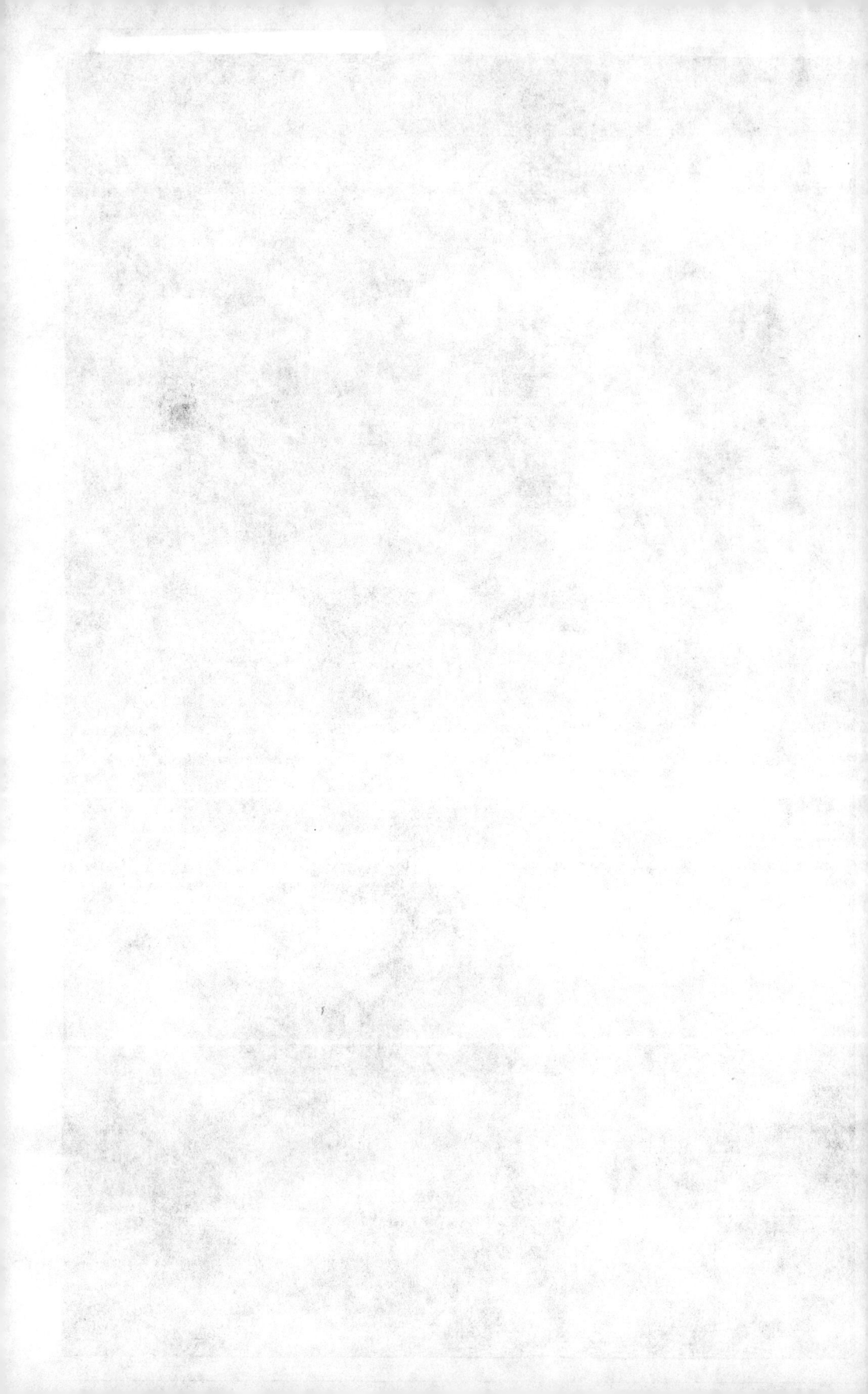

LA PÊCHE D'ISLANDE

POÈME COURONNÉ PAR LA SOCIÉTÉ DUNKERQUOISE
POUR L'ENCOURAGEMENT DES SCIENCES, DES
LETTRES ET DES ARTS, DANS SA SÉANCE
SOLENNELLE DU 25 JUIN 1855,

Par VICTOR DE COURMACEUL

Juge de Paix du canton de St-Amand (Nord).

———◦◦◦◗◖◦◦◦———

VALENCIENNES,
Imprimerie de B. HENRY, rue du Marché-aux-Poissons.
— 1855 —

LA PÊCHE D'ISLANDE

I.

LE DÉPART.

—

Enfin d'avril naissant sonne la première heure : (1)
La nature sourit au réveil du printemps ;
Le soleil, des Poissons quittant l'âpre demeure ,
Réchauffe le Bélier de ses feux éclatants ;

Sur le sol reverdi que la brise caresse,
L'insecte aux reflets d'or brille comme un écrin,
Et, poussé vers le bord avec plus de mollesse,
Sur les galets luisants glisse le flot marin ;

Le germe contenu du sillon se détache ;
Le ciel s'est repeuplé des oiseaux babillards;
Et le bourgeon sur l'arbre éclate en vert panache,
Où s'arrêtent les pleurs de nos derniers brouillards ;

---

(1) C'est le premier avril de chaque année que la flottille
des pêcheurs d'Islande appareille au port de Dunkerque.

Tandis que, recevant son hôtesse fidèle,
La chaumière, où s'abrite un nid chaud et soyeux,
Pour fêter le retour de la douce hirondelle,
Emplit l'air odorant de ses concerts joyeux;

Sur l'aile du zéphir le nuage s'élance;
Vers le pôle engourdi la chaleur arrivant,
De l'océan arctique ouvre le flanc immense,
Et fond la glace en bloc, qui s'en va dérivant;

Sur le chantier marin l'activité redouble;
Dans le bassin à flot le navire est lancé;
Et les vieux matelots, qu'aucun souci ne trouble,
Reprennent les refrains de leur chant cadencé;

Ils frappent les échos du chenal qui s'anime,
Et, fixant sur les mâts leur hardi pavillon,
Ils mêlent, à l'envi, la chanson maritime,
Et les cris du départ aux airs du carillon. (2)

Où vont-ils, ces vaisseaux qui sortent de ton port?
Où vont ces matelots qui méprisent la mort,
        Et qui chantent du haut des hunes?
Où vont tous ces patrons, qui, quittant ton rempart,
T'adressent par trois fois les hourras du départ,
        O ma vieille ville des dunes? (3)

Cette mer vers laquelle ils ont tourné les yeux,
Ces flots impétueux qu'ont dompté leurs ayeux,
        Que sillonnera leur navire,
Cet océan du Nord, sombre, froid et brumeux,
Sait bien de ces secrets, tristes, ou glorieux,
        Qu'en grondant il pourra leur dire!

C'est par là qu'ont passé le Picte conquérant,
Les Saxons dont les flots roulaient comme un torrent,
        Les vieux Romains du Capitole!
Là, les bateaux normands, à la côte échoués,
Ont fait luire de loin leurs brandons secoués
        Sur les campagnes de la Gaule!

---

(2) Nul n'ignore que Dunkerque possède un carillon très-renommé.

(3) Dunkerque a pour étymologie deux mots flamands qui signifient *Eglise des Dunes*.

Là, flotta dans les airs le drapeau des Croisés !
Là, Richard assembla, sous ses mâts pavoisés,
    La noblesse d'Angleterre !
Là-bas, de l'Armada l'étendard orgueilleux,
O Mer, tu t'en souviens ! sous les flots périlleux,
    S'est englouti dans ta colère !

C'est là que Maës, Dauwère (4), et tant d'autres depuis,
Sous les feux de l'éclair, au sein des sombres nuits,
    Se sont joués de la tempête ;
Et que Jean Bart vainqueur, sur les flots défiés,
Passa, majestueux, l'abîme sous les piés,
    Le soleil de Dieu sur la tête !

Quoi ! vont-ils s'élancer dans le même sillon
Ces marins dont on voit flotter le pavillon,
    Où le blanc, et l'azur alternent ? (5)
La patrie en danger les a-t-elle appelés ?
A-t-elle enfin jeté, du fond des cieux troublés,
    Ces cris d'angoisse qui consternent ?

Comme en des jours récents, a-t-on vu l'Empereur
Grouper, les bras croisés, le front sombre, et rêveur,
    Sa flotille obsidionale ?
D'un œil d'aigle sondant cet orageux détroit,
A ses soldats bouillants a-t-il montré du doigt
    Le cœur saignant de sa rivale ?

Non ! La France a levé son insolent blocus ;
A tous ses ennemis, qu'elle a cent fois vaincus,
    Elle a tendu sa main meurtrie ;
Un astre pacifique illumine ses mâts,
Et guide ses vaisseaux aux modernes combats
    Du Commerce et de l'Industrie !

    Un vent propice enfle les voiles :
    Partez, intrépides marins !
    Livrez à la foi des étoiles
    L'esquif qui porte vos destins !

---

(4) Héros populaires à Dunkerque, dignes émules de Jean Bart.

(5) L'ancienne bannière de Dunkerque, comme son pavillon maritime actuel, porte deux bandes d'azur alternant avec deux bandes blanches.

Dans cet océan redoutable,
Que votre rame impitoyable
S'enfonce, comme un éperon,
Et que votre main vigoureuse,
Secouant la vague houleuse,
La fatigue de l'aviron !

Partez, chauds de nos embrassades !
Partez, mes hardis compagnons !
Glissez entre les estacades,
Au bruit des salves des canons !
La ville entière est accourue,
Et sa voix immense salue
L'aurore de cet heureux jour ;
Du beffroi la cloche pieuse,
De la même chanson joyeuse,
Accueillera votre retour.

Vos femmes en proie aux alarmes,
Tout bas, pour vous invoquent Dieu,
Et leurs bouches mêlent aux larmes
Les tendres baisers de l'adieu !
Du bout de la double jetée,
Leur voix, dans vos cœurs répétée,
Vous envoie un dernier signal,
Tandis qu'à l'horizon de sable,
De plus en plus insaisissable,
Se meurt l'écho du sol natal !

Au loin emporté par la vague,
Sous le vent fuit votre vaisseau,
Et votre œil plongé dans le vague
Ne voit plus que le ciel, et l'eau !
Amis ! cette heure est solennelle !
Vos bras, vers la voûte éternelle,
Se sont levés, en suppliant :
Vous implorez votre patronne,
Et du ciel la sainte madone,
Vous a bénis en souriant !

Tendre Mère de Dieu, douce reine des Anges,
Etoile de la mer,
Secourez le marin, qui chante vos louanges
Et qui vous est si cher ! (6)

---

(6) Alma redemptoris mater, quæ pervia cœli porta manes,

Salut, source de vie et de miséricorde,
Notre espoir le plus doux ! (7)
Bénissez tous les biens que votre amour accorde
A vos fils à genoux !

O vierge immaculée, animez nos courages
Et comblez tous nos vœux !
Guidez de vos rayons, dans la nuit des orages,
Nos vaisseaux hasardeux !

Douce sainte Marie ! ô clémente ! ô pieuse ! (8)
Priez, priez pour nous
Celui qui, consacrant votre mamelle heureuse,
Voulut naître de vous ! (9)

Protégez vos enfants, sous vos aîles fidèles,
Au milieu des périls,
Et répandez sur eux les grâces éternelles
De votre divin fils ! (10)

---

stella maris, succure cadenti surgere qui curat populo.
(Office de la Vierge.)

Ave, regina cœlorum !
Ave, regina angelorum !
Ave, maris stella,
Dei mater alma !

(Hymne.)

(7) Salve, regina, mater misericordiæ, vita, dulcedo, et spes nostra ! *(Office de la Vierge.)*

(8) O clemens ! ô pia ! ô dulces virgo Maria ! Ora pro nobis, sancta Dei genitrix ! *(Idem.)*

(9) Sumat per te preces, qui, pro nobis natus, tulit esse tuus ! *(Idem.)*

(10) Ut digni efficiamur promissionibus Christi.

II.

LA TEMPÊTE.

—

Pendant de longues nuits, des jours laborieux,
Au sein des grandes mers , voguant sous d'autres cieux ,
            Le vaisseau qui cherche le pôle,
Par le courant rapide, au hasard, emporté,
En tournant les écueils, vers quelqu'astre aimanté,
            Suit l'aiguille de la boussole.

Les vapeurs de la mer s'élèvent au Zénith ;
Le firmament plombé, de son sein qui frémit,
            Lance sa flamme glaciale,
Et, par le vent du Nord, l'incendie allumé
Consume lentement le nuage enflammé
            Des feux d'aurore boréale.

Un bruit sinistre court dans les cieux ébranlés ;
Ils vomissent bientôt de leurs flancs désolés,
            Comme une lave qui ruisselle,
Et la nuit lumineuse, aux brunes se noyant,
Jette sur l'horizon son voile flamboyant,
            Que l'ardente étoile constelle.

Du météore éteint les dernières clartés,
Colorent les glaçons sur les flots agités ;
            L'écume fouette les visages ;
Déjà des profondeurs du gouffre ténébreux
L'Océan rebondit dans le ciel sulfureux
            Où s'amoncèlent des nuages.

Quel est ce point obscur, qui, du morne horizon,
S'élève, et d'où bientôt jaillit, comme un tison,
            Le feu des éclairs de phosphore,
Que l'Autan en courroux chasse vers le vaisseau,
Et qui, plein de tonnerre, étend son noir réseau
            Aux quatre coins du ciel sonore ?

Alerte! Le sifflet du maître a résonné !...
Sur le pont de l'esquif, le flot aiguillonné
            Bat l'écoutille sans relâche ;
La raffale en hurlant sur le tillac s'abat ;
Et la foudre s'attache à la pointe du mat,
            Comme un éblouissant panache !

On dirait que le ciel, croulant avec fracas,
De sa voûte de feu dispersant les éclats,
    Tombe sur la mer en cascade,
Et que, dans ses transports, le bouillant Océan,
Entassant flot sur flot, comme un autre Titan,
    Des cieux veut tenter l'escalade !

Alerte ! Amis, c'est la tempête !
C'est la lutte des éléments !
C'est le ciel qui, sur votre tête.
S'ébranle dans ses fondements !
C'est le tourbillon formidable,
Qui soulève les bancs de sable,
Et les emporte dans son flanc !
C'est l'orage qui vous assiége,
Empourprant l'éclatante neige
De ses éclairs rouges de sang !

Alerte ! Alerte ! De la foudre
Se rapproche le roulement !
La nature va se dissoudre
Sous les débris du firmament !
O Matelots, votre pensée
Vers le pays s'est élancée ,
Du sein du suprême combat ;
Des regrets vous sentez l'atteinte ;
Mais du moins ce n'est pas de crainte
Que sous la main le cœur vous bat !

Dans cette scène d'épouvante,
Qui glacerait d'autres d'effroi,
A chaque coup de la tourmente,
Du vaisseau craque la paroi ;
Le câble brisé se torture,
Et s'enroule dans la mâture,
Avec un aigre sifflement ;
La voile tombe, et se déchire,
Et du fond du sombre navire,
Sort un confus mugissement.

La foudre, allumant l'incendie,
Dans les entrailles du vaisseau,
De cette grande tragédie
Eclaire le dernier tableau.
En vain, dans des flots de fumée,
Ta frêle barque est enfermée,
O Marin, conserve ta foi !
Et combattant l'ardente flamme,

Invoque tout bas Notre-Dame,
Car la mort passe devant toi !

Tendre Mère de Dieu, douce reine des Anges,
Etoile de la mer,
Secourez le marin qui chante vos louanges
Et qui vous est si cher !

Salut, source de vie, et de miséricorde,
Notre espoir le plus doux !
Bénissez tous les biens que votre amour accorde
A vos fils à genoux !

O Vierge immaculée, animez nos courages,
Et comblez tous nos vœux !
Guidez de vos rayons, dans la nuit des orages,
Nos vaisseaux hasardeux.

Douce sainte Marie ! ô clémente ! ô pieuse !
Priez ! Priez pour nous
Celui qui, consacrant votre mamelle heureuse,
Voulut naître de vous !

Protégez vos enfants sous vos ailes fidèles
Au milieu des périls,
Et répandez sur eux les grâces éternelles
De votre divin fils !

III.

LA PÊCHE.

—

Il est sauvé ! Le feu s'est éteint, maîtrisé ;
Sous les débris fumants, l'équipage épuisé
Cache les traces de l'orage,
Et, sur l'aile du vent, des marins redouté,
L'ouragan furieux, qui l'avait apporté,
Au loin emporte le nuage.

Un souffle plus propice agite les agrès ;
Le vaisseau s'achemine et serre de plus près
   Les côtes de la blonde Islande ;
Le flot, se congelant sous l'haleine du Nord,
Scintille en diamants, et, sculptant le sabord,
   Y cristallise sa guirlande.

La mouette, dont le vol lutte contre le vent,
Effleure de son aîle, au sein du flot mouvant,
   L'ours blanc qui grogne, et qui se lave ;
Et, chassant de leurs trous les rennes affamés,
Sur la glace qui boût, de ses flancs enflammés,
   L'Hécla fait ruisseler la lave.

Déjà l'oiseau vorace a traversé les mers ;
Avide à rechercher sa proie en ces déserts,
   Il suit le vaisseau qui navigue ;
Il espère une part du funèbre butin,
Et sa faim aiguisée, au lugubre festin,
   Conduit son aîle qui fatigue.

Soudain du haut des mâts du colosse flottant
Le marin qui sommeille, en s'éveillant entend
   Le cri joyeux de la vigie :
Voilà donc ce parage, hélas ! tant désiré,
Où l'habitant des eaux, dès longtemps émigré,
   Loin de l'homme se réfugie.

Sous l'eau fourmille, et vit tout un monde inconnu :
L'Æglefin savoureux, et le Gade charnu, (11)
   Et le Capelan variable ;
Le Cachalot souffleur, l'intrépide Dauphin, (12)

---

(11) Le Gade est le 46e genre de la nomenclature des poissons de Lacépède. Il comprend comme sous-genre : la Morue, dont le nom n'était peut-être pas facile à glisser dans un vers ; l'Æglefin qui a beaucoup de rapport avec la morue ; le Capelan dont les teintes varient avec l'âge et avec les saisons ; ce qui l'a fait surnommer *Variable*.
        (*Lacépède*. XI. 175, 165, 178.)

(12) L'un des genres Dauphin a reçu le nom de *Gladiateur* à cause de son intrépidité à se défendre contre l'homme, comme à attaquer les baleines. (*Lacépède* XII, 416.)

(13) Le marquis de Montmiral, rapporté par Buffon, dit que souvent les harpons, quoique faits exprès, glissent sur sa peau dure, et épaisse. (*Buffon*. VI 413.)

Le Morse au cuir épais, (13) et le visage humain (14)
    Du Phoque rampant sur le sable ;

Le Narwal effroyable, à la dent d'éléphant, (15)
Qui secoue, en nageant, sous ses bonds de géant,
    Le sein des mers bouleversées ;
Et comme un grand rocher, glissant au milieu d'eux,
La massive Baleine, au ventre monstrueux,
    Le colosse des cétacées.

    Allons ! Prépare ton empile ; (16)
    Jette à la mer l'appât trompeur ;
    Soutiens l'hameçon immobile ;
    Courage ! Patient pêcheur !
    Etends tes filets, dont la maille
    S'engageant sous la verte écaille,
    Retient le poisson prisonnier,
    ·Et, prélude de ta victoire,
    Que, sous la saignante nageoire,
    S'enfonce ton dard meurtrier !

    Pour poursuivre partout ta proie,
    Joins l'audace à l'agilité ;
    Unis au lin, comme à la soie,
    Le crin au reflet argenté.
    Attentif au plus léger signe,
    Lève avec adresse ta ligne,
    Et dépose à bord ton fardeau ;
    Que l'amorce renouvellée,
    Par le plomb pesant stimulée,
    Replonge en tournoyant sous l'eau.

---

(14) Buffon dit : « En général , les Phoques ont la tête
» ronde, *comme l'homme.* »   (*Buffon* VI. 384.)

(15) Lacépède dit : « Le *Narwal* est, à beaucoup d'égards,
» l'éléphant de la mer. De la machoire supérieure du *Nar-*
» *wal macrocéphale* sort une dent très-longue , droite, etc.
· » Cette dent, séparée de la machoire, a été conservée pen-
» dant longtemps dans les collections des curieux sous le
» nom de corne, ou défense de *Licorne.* »
        (*Lacépède.* XII. 369.)

(16) Par *Empile* ou *Pile*, on entend un fil de crin, de
chanvre, ou de laiton, auquel un haim est attaché, que l'on
suspend aux lignes, et qui, variant suivant la force des haims,
et l'espèce du poisson que l'on se propose de prendre, est
simple, ou double, rond, ou tressé en cadenettes.
        (*Lacépède.* X. 431. Note 2ᵉ.)

La Baleine, aux regards livides,
A cotoyé les lourds vaisseaux ;
Lance-lui tes harpons rapides,
Qui la suivront au fond des eaux ?
Attends, pour l'attaquer encore,
Que, sur le flot qui se colore,
Son sang revienne bouillonner,
Et qu'après sa longue agonie
L'onde lentement applanie
Ait cessé de tourbillonner.

Sur son gigantesque cadavre,
Que la hache dépécera,
Le Goëland, que la faim navre,
A grands coups d'aîle s'abattra.
Mais lorsque l'huile copieuse,
Et la dépouille précieuse
S'entasseront dans les vaisseaux,
O Marin ! à genoux, et prie :
Offre en sacrifice à Marie,
Et tes dangers, et tes travaux !

Tendre Mère de Dieu, douce reine des Anges,
    Etoile de la mer,
Secourez le marin, qui chante vos louanges,
    Et qui vous est si cher !

Salut, source de vie, et de miséricorde,
    Notre espoir le plus doux !
Bénissez tous les biens que votre amour accorde
    A vos fils à genoux !

O Vierge immaculée, animez nos courages,
    Et comblez tous nos vœux ;
Guidez de vos rayons, dans la nuit des orages,
    Nos vaisseaux hasardeux !

Douce sainte Marie ! ô clémente ! ô pieuse !
    Priez ! priez pour nous
Celui qui, consacrant votre mamelle heureuse,
    Voulut naître de vous !

Protégez vos enfants, sous vos ailes fidèles,
    Au milieu des périls,
Et répandez sur eux les grâces éternelles
    De votre divin fils !

IV.

LE RETOUR.

—

Mais de votre retour le signal est donné ;
Les vaisseaux allourdis, vers la France, ont tourné
  Leur proue, au choc des mers meurtrie ;
Le marin, fatigué de son rude labeur,
Sous sa calleuse main, sent tressaillir son cœur,
  Au souvenir de la patrie !

Déjà l'astre du jour, dont les feux ont pâli,
D'un rayon, que l'automne a bientôt affaibli,
  Perce la brume congelée ;
Déjà du fond du Nord, la bise qui gémit
Traverse, en tourbillon, le ciel qu'elle obscurcit
  De sa première giboulée.

La voile s'est tendue, et l'amarre a glissé,
Et, de son bras nerveux, le marin a hissé
  Le cordage qu'il développe,
Et le flot, qui s'abaisse, et s'enfle tour à tour,
Balance mollement le vaisseau, de retour
  Dans les eaux de la vieille Europe.

O mère bien-aimée ! Enfants chéris ! O sœur,
Epouse, ou fiancée ! O souvenirs du cœur,
  Au cœur trop longtemps contenus !
Et vous, durs compagnons, à la rive enchaînés,
Vous que, depuis six mois, sur ces bords étonnés,
  D'autres devoirs ont retenus,

Accourez sur la plage ; inondez le chenal ;
De la haute marée arborez le signal ;
  Lancez le canot qui circule ;
Interrogez de l'œil l'horizon incarnat,
Et cherchez sur les flots la pointe de ce mât,
  Qu'enveloppe le crépuscule.

Il vogue lentement, chargé de son fardeau ;
Tandis que des frimats prochains l'on voit sur l'eau
  Voler déjà les blancs fantômes,
Lui, fuyant vers le Sud le retour de l'hiver,
Il creuse fièrement cette neigeuse mer,
  Que bordent quatre grands royaumes.

Il approche ! Il arrive ! Il gagne le détroit
Dont le lit agité, dans ses ondes, reçoit
      Le Rhin superbe, et la Tamise ;
Il borde les rescifs de l'ancien continent ;
Le vent, le flot, l'étoile, à l'envi le guidant,
      Il touche à la terre promise !

Le voilà ! Le voilà qui double le grand banc !
Il glisse au pied du phare ! Il presse de son flanc
      Le sein de la terre natale !
Le voilà, répondant aux cris partis du bord !
Le voilà, repliant sa voile dans le port,
      Et jetant l'ancre sur le sable !

      Salut à toi, France chérie !
      Soleil béni, ciel enchanté !
      Salut, douce, et chère Patrie !
      Sol sacré de la Liberté !
      O France indomptable, et féconde,
      Arbitre des destins du monde,
      Providence de l'Univers,
      C'est toi qui répands la lumière,
      Et qui, sur le double hémisphère,
      Armes les bras, et romps les fers !

      Salut, ô nouvelle Atlantide !
      Salut, terre des dévoûments !
      Salut, sentinelle intrépide,
      Qui surveilles deux éléments !
      Salut, Dunkerque ! cité fière !
      Toi, dont la fanfare guerrière
      Frappe l'écho de tous les temps,
      Et dont les revers, ou la gloire
      Se sont inscrits, dans notre histoire,
      En caractères éclatants !

      Que ta muraille se festonne ;
      Que sur ton rempart pavoisé,
      Les derniers bouquets de l'automne
      Parent ton front cicatrisé ;
      Du haut de tes tours sourcilleuses,
      Que tes chansons les plus joyeuses,
      Fêtent l'aube de ce beau jour ;
      Bénis le ciel, qui t'est prospère,
      Et sois heureuse, ô tendre mère :
      Voilà tes enfants de retour !

Et maintenant, dans la chapelle,
Dont la dune abrite le toit,
Que l'équipage se rappelle
Le vœu qu'à Notre-Dame il doit :
C'est elle qui, gardant la poupe,
Protégea la frêle chaloupe
Contre le gouffre et l'ouragan ;
Aux pieds de la Madone sainte,
Chantant la naïve complainte,
Priez, enfants de l'Océan.

Tendre mère de Dieu, douce reine des Anges,
        Étoile de la mer,
Secourez le marin, qui chante vos louanges,
        Et qui vous est si cher !

Salut, source de vie, et de miséricorde,
        Notre espoir le plus doux !
Bénissez tous les biens que votre amour accorde
        A vos fils à genoux !

O Vierge immaculée, animez nos courages,
        Et comblez tous nos vœux !
Guidez de vos rayons, dans la nuit des orages,
        Nos vaisseaux hasardeux !

Douce sainte Marie ! ô clémente ! ô pieuse !
        Priez ! priez pour nous
Celui qui, consacrant votre mamelle heureuse,
        Voulut naître de vous !

Protégez vos enfants, sous vos ailes fidèles,
        Au milieu des périls,
Et répandez sur eux les grâces éternelles
        De votre divin fils !

www.ingramcontent.com/pod-product-compliance
Lightning Source LLC
Chambersburg PA
CBHW050407210326
41520CB00020B/6498